Silke Kobold

ALLES MINI!

Kleine Figuren aus Tonpapier

frechverlag

Von Silke Kobold sind im frechverlag folgende Titel erschienen:

TOPP 2008

TOPP 2233

TOPP 2182

TOPP 2363

TOPP 1713

Die Anleitung zu den Figuren auf Seite 1 finden Sie auf Seite 9.

Fotos: frechverlag GmbH + Co. Druck KG, 70499 Stuttgart;
Fotostudio Weisensel, Stuttgart

Dieses Buch enthält:
1,5 Vorlagenbogen

Auflage: 5. 4. 3. 2. | Letzte Zahlen
Jahr: 2002 2001 2000 1999 98 | maßgebend

ISBN 3-7724-2347-7 · Best.-Nr. 2347
Druck: frechverlag GmbH + Co. Druck KG, 70499 Stuttgart

Nach meinem beliebten Titel „Echt mini!" habe ich viele neue Figuren für dieses Buch gestaltet. Denn auch hier ist alles mini! Kleine Tiere aus fernen Ländern, Berufsfiguren, Hexen mit Raben und Katzen, die um das Walpurgisfeuer fliegen, Drachen, Obst und Lampions, Tiere aus den Tiefen der Ozeane – diese neuen kleinen Figuren können Sie in vielen verschiedenen Variationen zur Geltung bringen. Sie eignen sich je nach Anlaß zum Gestalten von Fenstern, Zweigen, als Geschenkanhänger oder in Form eines Steckers zur Verschönerung einer Pflanze. Auch selbst gestaltete Glückwunsch- oder Tischkarten werden ihre Bewunderer finden.

Lassen Sie sich von den gezeigten Dekorationsmöglichkeiten inspirieren, und realisieren Sie eigene Gestaltungsideen. Auch Kinder werden von den kleinen Figuren begeistert sein! Für kleine Bastelhände sollten Sie allerdings die Motive ein wenig vergrößern und zunächst mit Figuren beginnen, die aus wenigen Teilen bestehen.

Ich wünsche Ihnen viel Spaß beim Basteln und viel Freude, wenn Sie jemandem mit einem kleinen Geschenk eine riesige Überraschung bereiten.

Ihre

Silke Kobold

MATERIAL UND WERKZEUG

Für alle Motive benötigen Sie :

- Tonpapier oder Künstlerkarton (130–170 g/m²)
- Fotokarton-Reste (300 g/m²)
- Transparentpapier
- Schere
- Klebestift, z. B. UHU stic
- Tropffreien Klebstoff, z. B. UHU extra
- Bleistift
- Schwarzen Filzstift mit sehr dünner Spitze

Folgende Materialien werden nicht für alle Motive benötigt:

(bitte jeweils Foto bzw. Anleitung beachten)

- Einfädiges Stickgarn (wahlweise Nähgarn) in verschiedenen Farben
- Schmales Satinband
- Buntstifte in Rot, Rosa, Weiß, Braun, Grün, Grau oder Silber
- Schaschlikstäbe oder Blumensteckdraht
- Dicker Filzstift in Braun, Schwarz, Rot, Blau, Braun und Orange
- Perlen (für Laternen, siehe Seite 16/17)

Nicht unbedingt erforderlich, aber sehr nützlich:

- Lackstifte in Weiß, Silber und Gold
- Kalligraphiestifte zum Beschriften von Karten

Karton

Die vorliegenden Motive wurden ausschließlich aus Künstlerkarton gefertigt. Dieser hat den Vorteil, daß er hoch lichtecht ist. Seine strukturierte Oberfläche gibt den kleinen Motiven zudem ein besonderes Aussehen.
Selbstverständlich können Sie auch andere Papiersorten, z. B. Tonpapier, verwenden. Achten Sie dabei darauf, daß die Papierstärke nicht mehr als 170 g/m² beträgt, da häufig Motivteile doppelt ausgeschnitten werden müssen und das Papier dafür gefaltet wird.

SCHRITT FÜR SCHRITT ERKLÄRT

Herstellung von Schablonen

Mit einem Bleistift werden alle Teile des Motivs vom Vorlagenbogen auf das Transparentpapier übertragen. Dieses wird mit dem Klebestift flächendeckend bestrichen und anschließend auf einem Rest Fotokarton fixiert. Schneiden Sie alle Teile sorgfältig aus (siehe Foto 1).

Damit Sie die so entstandenen Schablonen mehrfach verwenden können, ist es von Vorteil, sie wie auf dem Vorlagenbogen zu beschriften und z. B. in einem Briefumschlag aufzubewahren.

Ausschneiden der Teile

Wichtig: Bei allen Motiven werden einige Teile doppelt ausgeschnitten, damit sie beim Aufeinanderkleben genau zusammenpassen. Die doppelt auszuschneidenden Teile sind auf dem Vorlagenbogen mit einem d gekennzeichnet. Motivteile, die nicht mit einem d gekennzeichnet sind, müssen nur einmal angefertigt werden.

In einigen Fällen, z. B. beim Drachen auf Seite 16/17, müssen Teile mehrmals doppelt ausgeschnitten werden. Hier wird die Anzahl vor der Kennzeichnungsziffer angegeben. 5 x Teil 5 d heißt, daß das Teil Nr. 5 fünfmal doppelt ausgeschnitten werden muß.

Beachten Sie hierzu bitte folgende Arbeitsschritte:

- Legen Sie die Schablone auf den gewünschten Bastelkarton, und übertragen Sie die Außenlinien mit einem Bleistift.
- Der Karton wird nun so gefaltet, daß das Motiv doppelt aufliegt (siehe Foto 2).
- Beginnen Sie unbedingt an der geschlossenen Seite des Kartons (Knick) mit dem Ausschneiden, damit die beiden Hälften des Kartons nicht verrutschen.
- Schneiden Sie zunächst alle Teile aus, und beginnen Sie erst dann mit dem Zusammenkleben. Das ist vor allem

oto 1

Foto 2

dann von Vorteil, wenn Teile in ein zuvor zusammengefügtes Grundteil wie z. B. bei der Hexe eingeschoben werden sollen.

TIP *Für ansprechende Dekorationen benötigen Sie oft mehrere gleiche Figuren. Schneiden Sie deshalb auch Teile, die pro Motiv nur einmal ausgeschnitten werden müßten, gleich doppelt aus.*

Aufkleben der Teile

Die einzelnen Teile der jeweiligen Figur werden entsprechend ihrer Numerierung zusammengefügt. Auch die Positionierung erkennen Sie anhand des Vorlagenbogens.

Gepunktete Linien geben die Positionierung der Motivteile an, gestrichelte Linien markieren den Sitz des Fadens zum Aufhängen. Genaue Erklärungen finden Sie bei der jeweiligen Beschreibung.

Bei den Handwerkerfiguren können einige Schablonen für mehrere Motive verwendet werden. Beispielsweise hat die Köchin die gleichen Arme wie der Tischler. Der Tischler ist auch Ausgangsfigur für die Gärtnerin und den Gärtner sowie für die Malerin und den Maler. Wird eine Variante zur Grundform benötigt, z. B. eine Hose, so ist diese auf dem Vorlagenbogen zusätzlich mit einem V versehen.

Die Reihenfolge des Zusammenklebens wird für jede Figur im Text genau beschrieben und ist zusätzlich auf der Gesamtzeichnung von Vorder- und Rückseite auf dem Vorlagenbogen zu erkennen.

Foto 3

So werden die Figuren zusammengeklebt:

- Die ausgeschnittene Grundform (Teil 1) wird auf der Seite, auf der die Bleistiftlinien evtl. noch zu sehen sind, mit tropffreiem Klebstoff bestrichen. Legen Sie vor dem Zusammenkleben der beiden Hälften den Aufhängefaden und andere zwischen die beiden Hälften der Grundform zu plazierende Teile ein (z. B. Löwenschwanz, siehe Foto 3).
- Nach dem Zusammenkleben werden die außen anzubringenden Motivteile aufgeklebt (z. B. Gesicht, Schwanzenden) (siehe Foto 3).

TIP *Der Klebstoff sollte sparsam verwendet und nicht direkt am Rand des Motivs angebracht werden, sonst quillt er beim Zusammenfügen der Teile hervor und hinterläßt einen unschönen Eindruck. Sollte es doch einmal passieren, daß der Klebstoff auf die Vorderseite Ihrer Bastelarbeit gelangt, so kann dieser, solange er noch nicht getrocknet ist, vorsichtig mit dem Finger abgerieben werden.*

Fertigstellen der Figur

In der Regel werden die einzuzeichnenden Innenlinien und die Augen zum Schluß mit einem dünnen schwarzen Filzstift ausgeführt (siehe Foto 3, Seite 6). Dieser Vorgang wird deshalb in der Arbeitsschrittbeschreibung zu jedem einzelnen Motiv nicht extra erwähnt. Abweichungen von dieser Vorgehensweise (z.B. beim Zimmermann auf Seite 21) und Arbeitsschritte, die eine Verwendung zusätzlicher Stifte erfordern, werden jedoch ausführlich beschrieben.

Viel Sorgfalt sollten Sie bei der Gestaltung der Augen verwenden, weil diese entscheidend für den Gesamteindruck sind. Hier sehen Sie einige Beispiele (siehe Foto 4).

In einigen Fällen bekommen die Augen noch einen farbigen Hintergrund (z.B. sitzende Katze, Seite 28). Dieser wird mit einem Buntstift eingezeichnet.

Ganz wichtig ist der Lichtpunkt, damit das Auge lebendig wirkt. Er kann bei weißem Papier beim Einzeichnen des Auges gleich frei gelassen werden; bei dunklem Papier sollte der Hintergrund zunächst mit einem weißen Buntstift gestaltet werden.

Sehr praktisch ist ein weißer Lackstift; mit ihm kommen die Lichtpunkte am besten zur Geltung. Probieren Sie am besten das Einzeichnen der Augen zunächst auf einem Papierrest aus.

Foto 4

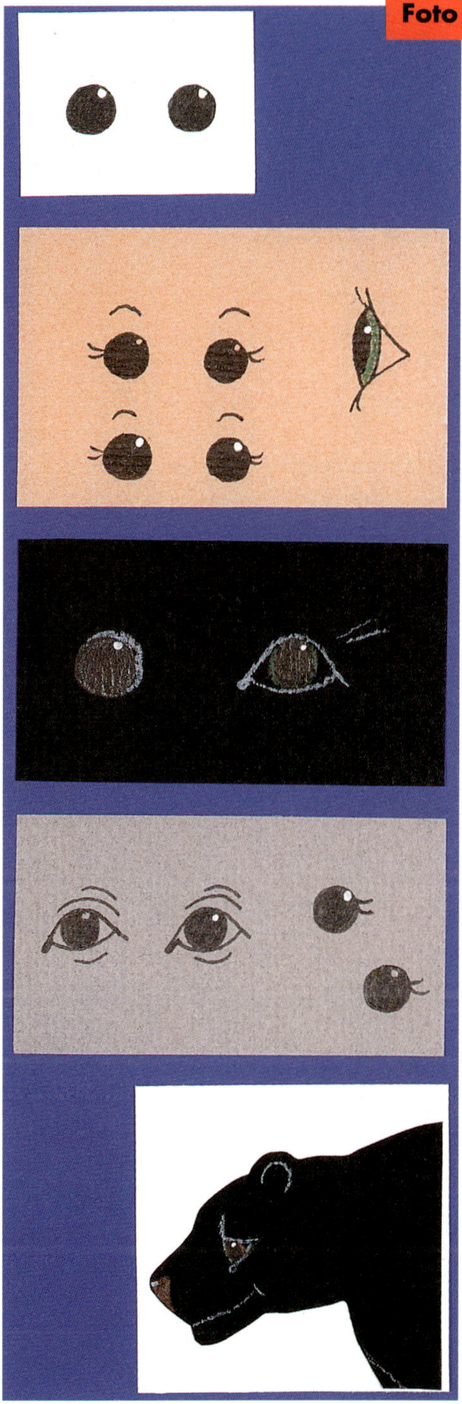

ANLEITUNGEN

Grundsätzlich kann man mit allen Figuren in diesem Buch Anhänger, Stecker, Karten, Lesezeichen und Girlanden herstellen.

Motive vergrößern

Am einfachsten ist es, die gewünschte Vorlage auf dem Vorlagenbogen in einem Kopierladen zu vergrößern. So können auch kleine Kinder die gewünschten Figuren leicht herstellen.

Lesezeichen

Die Vorlagen für Lesezeichen finden Sie auf dem Vorlagenbogen. Gehen Sie folgendermaßen vor:

- Teil 1 doppelt ausschneiden und zusammenkleben, dabei Satinband einfügen.
- Teil 2 und dann Teil 3 aufkleben.
- Teile 4 wie auf dem Vorlagenbogen anordnen und aufkleben.
- Teile 5 und 6 aufkleben.
- Zuletzt die fertig gestaltete Figur aufkleben. Die Teile der Figur benötigen Sie dafür immer nur einmal.

Karten (z. B. Seite 12/13, 22)

Im Handel sind Blanko-Karten in vielen verschiedenen Farben und Größen einschließlich passender Umschläge erhältlich. Sie lassen sich aber auch leicht selbst herstellen.

Für die gebräuchlichste Umschlag-Größe (C 6) benötigen Sie einen Karton in den Maßen 21 cm x 15 cm, der dann in der Mitte gefaltet wird. Auf die Karte können Sie dann ein beliebiges Motiv kleben.

Deko-Stecker (z. B. Seite 11, 26/27)

Hier wird statt des Aufhängefadens ein Steckdraht (erhältlich im Blumenladen) oder ein Schaschlikstäbchen eingeklebt. Beim Schaschlikstäbchen sollte mit einem Messer die Rundung abgeflacht werden, damit es sich besser zwischen den Motivteilen einfügt.

Girlanden (z. B. Seite 16/17)

Girlanden kann man in verschiedenen Varianten herstellen:

- Die einzelnen Motive mit Aufhängefaden werden auf eine für Bistro-Gardinen übliche Stange aufgefädelt.
- Sie spannen ein farblich passendes Band an das Fenster und fädeln die Motive mit dem Aufhängefaden auf das Band.
- Besonders reizvoll wirkt es, wenn das Band, das Sie für die Girlande verwendet haben (z. B. schmales Satinband), auch in die Motive mit einfügen. Ein Beispiel hierfür ist die Drachen-Girlande auf Seite 16/17.

GUTEN APPETIT!

Als Stecker, Mobile oder Anhänger für die Gardine machen Köchin, Koch und Bäcker eine gute Figur. Eine originelle Dekoration für Ihre Küche!

Kleine Köchin

- Teile 1 zusammenkleben, dabei Teile 2, 3, 4 und 5 einfügen. Achtung: Die Hand des angewinkelten linken Armes wird dabei noch nicht befestigt. Teil 1 beidseitig mit einem weißen Buntstift oder Lackstift bemalen.
- Teil 7 auf Teil 6 kleben und mit einem dünnen schwarzen Filzstift bemalen. Beide Teile zusammen von vorne auf Teil 1 kleben.
- Teil 8 von hinten auf Teil 1 fixieren, mit dünnem schwarzem Filzstift bemalen und dann Teil 9 aufkleben.
- Teil 10 und dann Teil 11 von vorne auf den Kopf (Teil 2) kleben.
- Teil 12 an der Rückseite des Kopfes anbringen, dabei Faden einfügen, Teil 13 von vorne anbringen.
- Wangen mit einem roten Buntstift einzeichnen.
- Gewünschte Utensilien (Schneebesen, Kuchen, Nudelholz, Kochlöffel, Karotten) so ankleben, daß sie mit den Händen gehalten werden. Außer der im Foto gezeigten Möhre und dem Kochlöffel können auch der Kuchen des Kochs (siehe Vorlagenbogen) verwendet werden.

Koch

- Teile 1 zusammenkleben, dabei Teile 2 einfügen. Mit einem weißen Buntstift das Karomuster der Hose aufzeichnen.
- Teile 4 (beim vorderen Teil wird der Ärmelansatz eingeschnitten, siehe gestrichelte Linie) zusammenkleben, dabei Teile 1, 3 und 5 einfügen. Hände (Teile 3) zunächst nur am Ärmel befestigen.
- Teil 7 auf Teil 6 und dann gemeinsam auf Teil 4 (Körper) kleben, Hände nun befestigen, dabei Teil 8 einfügen.
- Teil 9 vorn, Teil 10 hinten anbringen.
- Teil 11 auf die Vorderseite, Teil 12 auf die Rückseite des Kopfes kleben.
- Eines der Teile 13 zusammen mit einem der Teile 14 an der Vorderseite des Kopfes anbringen, Faden aufkleben und die anderen Teile von Teil 13 und 14 auf der Rückseite des Kopfes befestigen.
- Wangen mit einem roten Buntstift einzeichnen.

Bäcker

Der Bäcker wird genauso wie der Koch gearbeitet, nur hält er statt des Topfes den Kuchen in den Händen. Seine Mütze wird durch die Variante (V 12 und V 13) mit einer aufgemalten Brezel ersetzt.

TIERE AUS INDIEN

Als Stecker für Grünpflanzen, als Anhänger und für originelle Kartengrüße kommen die Tiere aus Indien ganz groß raus. Die Vorlagen für Lesezeichen finden Sie bei den Tieren aus Afrika. Wie Karten hergestellt werden, wird auf Seite 8 erklärt.

Indischer Elefant

- Teile 1 zusammenkleben, dabei Faden oder Stecker einfügen.
- Teile 2 und 3 jeweils auf beiden Seiten fixieren.
- Innenlinien mit einem schwarzen Filzstift einzeichen und Schattierungen mit einem Bleistift anbringen (siehe Foto). Füße mit einem weißen Buntstift bemalen.

Orang Utan

- Teile 1 zusammenkleben, dabei Teile 2, 3, 4 und Faden einfügen.
- Teile 5 auf beide Seiten kleben.

Kobra

- Teile 1 zusammenkleben, dabei Teile 2, 3 und Faden oder Stecker einfügen.
- Teil 3 mit einem weißen Buntstift zum Außenrand hin ein wenig schattieren.
  Die Windungen des Schlangenkörpers ebenfalls mit einem weißen Buntstift einzeichnen.
- Andere Innenlinien mit einem dünnen schwarzen Filzstift aufzeichnen, das Muster mit einem breiteren schwarzen Filzstift.

Tiger

- Teile 1 zusammenkleben, dabei Faden oder Stecker einfügen.
- Teile 2 und 3 jeweils zu beiden Seiten aufkleben.
- Innenlinien und Augen mit einem dünnen schwarzen Filzstift einzeichnen.
- Flecken über den Augen, auf der Brust, am Bauch, als Abgrenzung des hinteren Beines und an der Unterseite des Schwanzes mit einem weißen Buntstift aufmalen.
- Fellzeichnung wie auf dem Vorlagenbogen mit einem breiten schwarzen Filzstift, die Haare über den Augen und die Barthaare mit einem feinen schwarzen Filzstift anbringen.

Panther

(siehe Karten Seite 12/13)

- Beide Teile zusammenkleben, dabei Faden oder Stecker einfügen.
- Innenlinien und Augenhintergrund mit einem weißen Buntstift einzeichnen, für die Nase einen braunen Buntstift verwenden. Das Auge mit einem schwarzen Filzstift einzeichnen.

GRÜSSE AUS DER WILDNIS

Originelle Karten mit Ihrem Lieblingstier können Sie schnell herstellen. Auf dem Vorlagenbogen sind Blüten, Gras und Blätter für alle Karten zu finden. Die gestrichelten Linien innerhalb der Blattranken geben an, wie diese für die Kartengestaltung verkleinert werden können.

TIP *Nutzen Sie die Vorlagen als Anregung, und versuchen Sie, Blätter und Blüten auch ohne Schablonen auszuschneiden. Es kommt hier nicht so sehr auf die Genauigkeit an, sondern vielmehr auf den Gesamteindruck. Bestimmt fallen Ihnen auch interessante und schöne Formen ein.*

Beachten Sie bei der Gestaltung dieser Karten aber unbedingt folgende Schritte:

- Das Tier, die verschiedenen Blüten, Gräser, Blätter und einen Untergrund ausschneiden.
- Probieren Sie nun aus, welche Anordnung Ihnen zusagt, und befestigen Sie die Teile erst dann mit Klebstoff.
- Wichtig für den Ausdruck der Karte ist es, daß Sie Pflanzen sowohl vor und als auch hinter dem Tier plazieren.

IM RAUSCH DER TIEFE

Besonders echt wirken diese Geschöpfe der Ozeane als Mobile.

Delphin

- Teile 1 zusammenkleben, dabei Teil 2 und Faden oder Stecker einfügen.
- Teil 3 auf beiden Seiten etwas versetzt anbringen.

Orca

- Teile 1 zusammenkleben, dabei Teil 2 und Faden oder Stecker einfügen.
- Teil 3 auf beiden Seiten fixieren.
- Feld unterhalb der Rückenflosse mit weißem Stift bemalen.
- Augenhintergrund zunächst mit einem weißen Bunt- oder Lackstift einzeichnen, dann die Pupille mit einem schwarzen Stift.

Hai

- Teile 1 aufeinanderkleben, dabei Teil 2 und Faden oder Stecker einfügen.

Hammerhai

- Teile 1 zusammenkleben, dabei Teil 2 und Faden oder Stecker einfügen.
- Teil 3 beidseitig anbringen.

Blauwal

- Teile 1 zusammenkleben, dabei Faden oder Stecker einfügen.
- Schwarze Innenlinien einzeichnen; den Mund innen zunächst mit einem weißen Buntstift bemalen und dann die Barten (senkrechte Linien) mit einem Bleistift aufzeichnen.
- Linien am Bauch und Flecken auf dem Rücken mit weißem Buntstift einzeichnen.
- Teil 2 beidseitig aufkleben.

Manta

- Die Teile 2 auf beiden Seiten von Teil 1 anbringen, dabei Faden oder Stekker einfügen.
- Teile 3 ebenfalls beidseitig aufkleben.
- Innenlinie mit einem weißen Buntstift aufzeichnen.

FRÖHLICHES FEST

Beschreibung Seite 18

FRÖHLICHES FEST

Abbildung Seite 16/17

Ein buntes Fest mit Girlanden und Stekkern kommt immer gut an. Zudem sind alle Motive schnell selbst gemacht.

Drachen

- Wenn der Drachen an einem Faden aufgehängt werden soll, muß Teil 2 zweimal doppelt ausgeschnitten werden. Den Faden zwischen den beiden Hälften von Teil 1 und den an der oberen Kopfspitze anzubringenden Schleifenteilen befestigen. Für einen Stecker wird die Schleife einmal doppelt und einmal einfach benötigt.
- Teile von 1 zusammenkleben und Teile 2 und 3 einfügen.
- Teile 4 beidseitig von Teil 3, Teile 5 beidseitig von Teil 1 aufkleben.

Rechteckige Laterne

- Teile 1 zusammenkleben, dabei Faden oder Stecker und den Faden mit der angeknoteten Perle einfügen.
- Teile 2 beidseitig anbringen.

Rautenförmige Laterne

- Teile 1 zusammenkleben, dabei Faden oder Stecker und den Faden mit der angeknoteten Perle einfügen.
- Nacheinander die Teile 2, 3, 4 und 5 jeweils beidseitig aufkleben.

Mondlaterne

- Die beiden Teile 2 beidseitig von Teil 1 anbringen, dabei Faden oder Stecker einfügen.
- Nacheinander die Teile 3, 4, 5 und 6 jeweils beidseitig aufkleben.
- Die strahlenförmigen Linien auf dem Gesicht mit Bleistift aufzeichnen.

TIP *Für Stecker können Sie außer Schaschlikstäben auch Blumensteckdraht verwenden.*

Pflaumen

- Beide Teile 1 zusammenkleben, dabei Faden oder Stecker einfügen.
- Rechte Pflaume und danach die linke an Teil 1 anbringen. Vorgang auf der anderen Seite wiederholen.
- Teile 3 aufkleben.

Apfel und Birne

- Teile 1 zusammenkleben, dabei Faden einfügen.
- Teile 1 zwischen Teile 2 fixieren, dabei Teil 3 und ggf. Stecker einfügen.
- Teile 4 beidseitig befestigen.

TIP *Wie Girlanden hergestellt werden, steht auf Seite 8.*

FÜR GARTENFANS

Beschreibung Seite 20

Diese Figuren sind ein hübsches Mitbringsel für alle großen und kleinen Gartenfans!

Die Grundform für Gärtner und Gärtnerin ist dieselbe wie für den Tischler.

FÜR GARTENFANS

Abbildung Seite 19

Gärtner

Grundform: Tischler (siehe Seite 6: Aufkleben der Teile)

- Teile 1 (Variante Hose) zusammenkleben und beidseitig Teile 2 (Variante Schuhe) anbringen.
- Teile 3 auf Teile 1 kleben, dabei Teile 4, 5, 6 und 7 einfügen. Achtung: Vor dem Anbringen des Kopfes (Teil 6) wird dieser mit dem Hals durch die Schlaufe der Schürze (Teil 7) geschoben.
- Teil 8 an der Rückseite der Figur anbringen.
- Kleine Schaufel bemalen, Teil 9 aufkleben und dabei die Schaufel einfügen.
- Blume zusammenfügen und zwischen Hand und Schürze anbringen. Gießkanne bemalen und an der anderen Hand und an der Schürze befestigen.
- Teile 12 und 13 von vorne und von hinten an den Kopf kleben.
- Zunächst hinteren Teil des Hutes am Hinterkopf, dann vorderen Teil vorne am Kopf befestigen, dabei Faden einfügen. Kleine Blüte anbringen.
- Wangen mit einem roten Buntstift aufmalen.

Gärtnerin

Die Gärtnerin wird wie der Gärtner zusammengesetzt. Lediglich die Haare sind eine Variante (V 12, V 13). Die Sonnenblume wurde durch einen Blumenstrauß, die Gießkanne durch einen Spaten und die kleine Blüte am Hut durch eine Schleife ersetzt. Die Schleife besteht aus drei Teilen (siehe Vorlagenbogen).

TIP *Wenn Sie Stecker von Gärtner und Gärtnerin z. B. für einen Blumentopf anfertigen wollen, bringen Sie den Stab zwischen den Teilen 1 (Hose) an.*

WO GEHOBELT WIRD, ...

Großer Zimmermann

Die genaue Positionierung der einzelnen Teile sehen Sie bei der Vorlage zum kleinen Zimmermann.

- Teile 1 zusammenkleben, dabei Teil 2 und 3 einfügen.
- Vom vorderen Teil 4 (Hose) die Tasche herausschneiden (gestrichelte Linie). Teile 4 zusammenkleben, dabei Teile 5, 6 und 1 einfügen. Hose wie auf der Vorlage mit braunem und weißem Buntstift bemalen.
- Teil 7 von vorn, Teil 8 von hinten auf Teil 1 kleben und jeweils mit einem weißen Buntstift die Zeichnung (bis auf die Zunftkette) aufmalen.
- Teil 9 auf der Vorderseite, Teil 10 auf der Rückseite des Körpers anbringen.
- Teil 11 auf die Vorderseite des Kopfes, Teil 12 auf die Rückseite kleben.
- Teile 14 und 15 bemalen.
- Teil 13 an der Hosenrückseite anbringen, dabei Teil 14 einfügen.
- Teil 15 von hinten an die Hand kleben (siehe Vorlagenbogen).
- Teil 16 beidseitig an den Kopf kleben, dabei Faden einfügen.

- Die Zunftkette läßt sich am besten mit einem silbernen Lackstift einzeichnen. Ein spitzer grauer Buntstift oder ein Bleistift sind ebenfalls geeignet.
- Wangen mit einem roten Buntstift aufmalen.

Werkzeuge der Handwerker

Die Sägen, der Hammer und der breite Pinsel wurden aus braunem, die Schaufel und der Spaten aus dunkelgelbem, die kleinen Pinsel, die Farbeimer und der Winkel des Zimmermanns aus weißem Papier gefertigt und dann die Metallteile mit einem silberfarbenen Lackstift bemalt. Als Grundfarbe kann auch grauer Karton verwendet werden. Dann werden die Holzteile mit einem braunem Filzstift aufgemalt. Nehmen Sie für die Bemalung die Abbildung zu Hilfe.

FRÖHLICHE HANDWERKER

Kleiner Zimmermann

Der kleine Zimmermann wird wie der große Zimmermann auf Seite 21 hergestellt.

Tischler

- Teile 1 zusammenkleben, dabei Teile 2 einfügen.
- Teile 3, wenn gewünscht, mit Muster bemalen. Teile 3 zusammenkleben, dabei Teile 4, 5, 6 und 7 einfügen. Achtung: Der Kopf wird vor dem Einschieben in das Hemd durch die Schlaufe der Schürze (Teil 7) geführt.
- Teil 8 auf die Rückseite kleben.
- Hammer (Teil 11) bemalen. Teil 9 auf die Vorderseite der Schürze kleben, dabei Zollstock und Hammer (Teil 10 und 11) einfügen.
- Teil 14 bemalen und zwischen linke Hand und Körper kleben (siehe Vorlagenbogen).
- Teil 12 von vorne, Teil 13 von hinten am Kopf fixieren, dabei Faden einfügen.
- Wangen mit rotem Buntstift aufmalen.

Die kleinen Werkzeuge des Tischlers (Sägen, Hobel) können Sie auch für die Ausstattung des kleinen Zimmermanns verwenden und z. B. ein hübsches Handwerkermobile aus Tischler und Zimmermann zusammenstellen.
Dem Tischler können wahlweise auch die Werkzeuge 15 (große Säge) und 16 (Hobel) in die Hand gegeben werden.

Malerin und Maler

Grundform: Tischler (siehe Seite 6: Aufkleben der Teile)
Bei diesen beiden Figuren wurden die Schürze und die Hose des Tischlers (Teile 1 und 7) durch eine Latzhose (Variante 1) ersetzt. Der Maler erhält dieselben Haare wie der Tischler (Teile 12 und 13), die Malerin hat dieselben Haare wie die Gärtnerin (Variante 12 und Variante 13).
Die Vordertasche (Variante 9) auf der Hose wird wie beim Tischler befestigt, und die Pinsel werden eingefügt. Setzen Sie auf das hintere Hosenteil ebenfalls Taschen, wobei wiederum ein Pinsel dazwischengeklebt wird. Der Faden zum Aufhängen wird zwischen der doppelt ausgeschnittenen Kopfbedeckung (Teil 14) angebracht.
Malerin und Maler erhalten je einen Eimer mit Wandfarbe in die rechte und einen breiten Pinsel in die linke Hand. Vergessen Sie nicht, zuletzt die vielen Farbkleckse und die roten Wangen aufzumalen.

WANDFARBE
WANDFARBE

GUTEN APPETIT!

In der Küche sorgen die große Köchin und passende Geschirrteile für eine freundliche Atmosphäre.

Große Köchin

Die große Köchin wird wie die kleine Köchin gearbeitet (Anleitung Seite 9). Lediglich der Kuchen wird vor dem Aufkleben auf einem Teller fixiert.

Geschirr

Schneiden Sie die einzelnen Geschirrteile aus. Auf dem Vorlagenbogen finden Sie neben den auf der Abbildung gezeigten noch weitere Vorlagen.

Kaffeekanne, Vorratsdose, Marmeladentöpfchen

Der Deckel (Teil 2) paßt auf die Kaffeekanne (Teil 1), die Vorratsdose (Teil 3) und das Marmeladentöpfchen (Teil 4). Bei allen drei Motiven werden zuerst die beiden Hälften von Teil 2 zusammengeklebt und dabei der Faden eingefügt. Achtung: Beim Marmeladentopf wird vor dem Zusammenkleben des Deckels beim vorderen Teil noch eine kleine Ecke (gestrichelte Linie) herausgeschnitten und beim Zusammenkleben der Löffel (Teil 5) miteingefügt. Nun werden die Teile 1, bzw. Teile 3 oder 4 beidseitig auf Teil 2 geklebt.

Milchkännchen

Das Milchkännchen (Teil 5) wird genauso wie oben zusammengefügt, statt dessen aber ein anderer Deckel (Teil 7) verwendet.

Großer und kleiner Teller

Zunächst werden die inneren Kreise mit dem Cutter oder der Schere ausgeschnitten (Teile 9 und 11), dann werden die beiden Ringe (Teile 8 und 10) beidseitig auf die Kreise geklebt. Fügen Sie dabei den Aufhängefaden ein.

Tasse mit Untertasse

Bemalen Sie die Untertasse (Teil 13), und kleben Sie dann die Teile 12 beidseitig auf. Dabei wird der Aufhängefaden eingefügt.

Eierbecher

Die beiden Eiteile (Teile 15) werden zusammengeklebt und dabei der Faden eingefügt. Kleben Sie dann die Teile 14 beidseitig auf.

Pfeffer- und Salzstreuer, Essig-/Ölkännchen

Die beiden Geschirrteile (16d und 17d) bestehen jeweils aus einem doppelt ausgeschnittenen Teil. Beim Zusammenkleben wird der Faden eingefügt.

Das blaue Muster wurde hier mit einem Filzstift eingezeichnet. Es kann aber, vor allem wenn das Geschirr weiß ist, dafür auch ein Buntstift verwendet werden.
Mein Vorschlag: Lassen Sie sich beim Aufmalen des Musters doch einmal von dem Ihres Lieblingsgeschirrs leiten. Zunächst sollten Sie dessen Wirkung auf einem Bogen Papier (Umrißzeichnung mit Hilfe von Schablonen) erproben.

SALZ
MEHL

HEISSA, WALPURGIS-NACHT!

Eine ungewöhnliche Tischdekoration mit Hexen, Raben und schwarzen Katzen – nicht nur zur Walpurgisnacht!

Kleine Hexe

Die kleine Hexe kann ganz variabel gestaltet werden, indem Sie Haar und Kopfbedeckung verändern, die Farben der Kleidung variieren und sie mit Rabe oder Katze ausstatten.
Die Verschiedenartigkeit der einzelnen Hexen kommt besonders zur Geltung, wenn Sie einen Walpurgistanz wie auf Seite 29 veranstalten möchten.

- Teile 1 zusammenkleben, Teile 2 beidseitig auf Teil 1 anbringen.
- Teile 4 beidseitig mit farbigen Streifen mit dem Filzstift bemalen. Teile 3 zusammenkleben und dabei Teile 4 einfügen.
- Teile 5 zusammenkleben und dabei Teile 6 einfügen.
- Teile 7 zusammenfügen und dabei den fertigen Besen (Teile 1 und 2) und anschließend die Beine (Teile 3 und 4, eines von vorn und eines von hinten) einfügen.
- Teile 8 zusammenkleben, dabei Teil 9 und den bereits zusammengeklebten Körper mit Besen und Beinen einfügen.
- Arme mit Händen (Teile 5 und 6) beidseitig etwas versetzt anbringen. Achtung: Wenn Sie der Hexe eine Katze auf die Schulter setzen wollen, darf der obere Abschnitt des Armes

Polnische Eier
Quarkspeise mit Mandarinen

(Schulter) nicht mit Klebstoff versehen werden.

- Teile 10 beidseitig am Kopf befestigen und dann Teile 11 beidseitig auf den Kopf mit Haaren kleben, dabei Faden einfügen.
- Je nach Wunsch Katze (Teil 16) oder Rabe anfertigen.
  Rabe: Teil 12 einseitig auf Teil 1 kleben, dabei Teil 14 einfügen. Vorgang auf der anderen Seite wiederholen und zusätzlich Teil 13 einfügen. Teile 15 beidseitig anbringen.
- Der Hut kann wie hier mit einem goldfarbenen Lackstift verziert werden. Es eignen sich dafür aber auch helle Buntstifte. Wenn die Hexe als Steckfigur verwendet wird, muß der Stecker beim Anbringen der Teile 7 miteingefügt werden.

Große Hexe

Die große Hexe wird genauso wie die kleine Hexe gearbeitet.

Katze

Als Stecker, Anhänger oder Tischkarte ergänzt die schwarze Katze die Hexen-Tischdekoration.
Der Katzenkörper wird doppelt ausgeschnitten und dann zusammengeklebt. Fügen Sie vor dem Zusammenkleben ggf. den Aufhängefaden, den Stecker oder die Tischkarte ein.
Für die Tischkarte falten Sie ein Stück Karton so, daß die obere Kante der Vorlage direkt mit dem Knick abschließt. Zeichnen Sie die Schablone nach, und schneiden Sie dann die Form aus. Nach dem Kleben zwischen die beiden Katzenteile wird die Tischkarte zum Aufstellen an der offenen Seite leicht auseinandergezogen.

Rabe

- Teile 1 zusammenkleben, dabei Faden oder Stecker und die Teile 2 und 3 einfügen.
- Teile 4 beidseitig anbringen.

Wenn Sie einen Rabenstecker herstellen möchten, muß Teil 3 doppelt ausgeschnitten werden, damit der Stab zwischen den Krallen eingeklebt werden kann. Wenn der Rabe ein Schild (Teil 5) tragen soll, sollten Sie dieses vor dem Anbringen beschriften.

Feuer

- Teile 1 wie auf dem Vorlagenbogen aufgezeichnet zusammenfügen.
- Teile 2 (hier Faden einfügen) und 3, dann Teile 4 und 5 jeweils beidseitig anbringen. Das letzte Teil ist nochmals Teil 4 auf beiden Seiten.

Wenn Sie die Hexen an einer Lampe befestigen möchten, sollten Sie unbedingt darauf achten, daß diese wegen Brandgefahr nicht zu nahe an der Lichtquelle befestigt werden.

TIERE AUS AFRIKA

Als Anhänger, Stecker, Lesezeichen oder auf Karten werden diese Tiere sicher viel Freude bereiten. Eine schöne Geschenkidee!

Giraffe und Zebra

- Teil 2 einschneiden (siehe Vorlagenbogen).
- Teile 1 zusammenkleben, dabei Teil 2 und Faden einfügen.

Bei beiden Figuren sind auf der Vorlage die Fellzeichnungen eingetragen. Es ist jedoch nicht notwendig, diese genau auf den Bastelkarton zu übertragen. Versuchen Sie, sich ungefähr an der Anordnung der Muster zu orientieren, und beachten Sie dabei, daß alle inneren Linien, z. B. die Abgrenzungen der Vorderbeine und die Augen zuerst gemalt werden sollten.

Für die Giraffe benötigen Sie einen braunen, für das Zebra einen schwarzen Filzstift.

Nilpferd

Kleben Sie die beiden Körperteile zusammen, und fügen Sie dabei den Faden ein. Der Mund, die Ohren und die Füße werden mit einem weißen oder hellrosafarbenen Buntstift bemalt.

Afrikanischer Elefant

- Teile 1 zusammenkleben, dabei Faden einfügen.
- Teile 2 und 3 jeweils beidseitig anbringen.
- Innenlinien mit dünnem schwarzem Filzstift einzeichnen und Ohr und Füße mit rosafarbenem Buntstift bemalen.

Nashorn

- Teile 1 zusammenkleben, dabei Teil 2 und Faden einfügen.
- Teile 3 beidseitig anbringen.
- Für die Füße benötigen Sie einen weißen oder wahlweise einen rosafarbenen Buntstift.

Kamel und Dromedar

Kleben Sie die Körperteile zusammen, und fügen Sie dabei den Faden ein.

Löwe (siehe Lesezeichen Seite 32)

- Teile 1 zusammenkleben, dabei Teil 2, 3 und Faden einfügen.
- Teil 5 von vorne auf Teil 1 und Teile 4 beidseitig an Teil 3 kleben.

Wie die Lesezeichen auf Seite 32 hergestellt werden, steht auf Seite 8.

eine hohe Begabung für die Musik entdeckte, da
wuchs die Liebe nur desto mehr, und beide wurden sie
Brüder bis auf die Seele.
Jedoch das Angesicht des Elias Alder behielt all die
nervösen Züge der frühen Jugend. Da war nichts von
Versöhnung auf seinen Mund gekommen, wenngleich
er schöne und ebene Lippen besaß. Eine Mundfalte lag
gegen die andere, und die breitflüglige durchaus ru-
hige Nase verlieh dem Antlitz nur desto größeren Un-
frieden. Obwohl sein Schädel von guten Proportionen
gemacht war – eine rare Auffälligkeit im Dorf –,
verunstalteten die grellen Pupillen sogleich den An-
blick dieses Gesichtes. Verglichen mit den gespensti-
schen Physiognomien des Eschberger Menschenge-
schlechts muß man den Elias dennoch einen schönen
Mann nennen, und ein Lampartersches Plappermaul
bemerkte ganz trefflich, daß der stattliche Herr dem
seligen Kuraten Benzer wie aus der Form gestürzt sei.
Ab dem siebzehnten Jahr trug er sein mageres, ab-
gebleichtes Haupthaar schulterlang. Auch entwickelte
er eine gewisse Vorliebe für schwarze Gehröcke und
hätte am liebsten überhaupt Schwarz getragen, wäre er
nicht in den Ruf eines Pfaffenheuchlers gekommen
Er brachte sich einen prätentiösen kurzschrittig
Gang bei, und daran schliff er mehr als ein Jahr.
Art seines merkwürdigen Gehens war das
nach außen sichtbare Aufbegehren gegen die
pige Bauernwelt, in die er niemals hatte treten wollen.
Und ob er es nun ahnte oder nicht, das Gehen bildete
getreulich die Welt seines musikalischen Denkens ab.
Denn die nächtlichen Musiken auf der Eschberger Or-
gel waren schlank erdachte, leichtfüßige Kompositio-
nen, worin ein kurzer eiliger Gedanke den anderen ein-
holte, erneuerte oder verkehrte. Es ist das Wesen eines
92
93